SUR LES FONCTIONS CONTINUES

D'UN NOMBRE QUELCONQUE DE VARIABLES

ET SUR LE

PRINCIPE FONDAMENTAL DE LA THÉORIE DES ÉQUATIONS ALGÉBRIQUES,

PAR M. RIQUIER,

PROFESSEUR A LA FACULTÉ DES SCIENCES DE CAEN.

PARIS,

GAUTHIER-VILLARS ET FILS, IMPRIMEURS-LIBRAIRES

DU BUREAU DES LONGITUDES, DE L'ÉCOLE POLYTECHNIQUE,

Quai des Grands-Augustins, 55.

1890

SUR LES FONCTIONS CONTINUES
D'UN NOMBRE QUELCONQUE DE VARIABLES

ET SUR LE

PRINCIPE FONDAMENTAL DE LA THÉORIE DES ÉQUATIONS ALGÉBRIQUES,

PAR M. RIQUIER,

PROFESSEUR A LA FACULTÉ DES SCIENCES DE CAEN.

1. La démonstration donnée par Cauchy du principe fondamental de la théorie des équations algébriques repose sur un postulatum implicitement admis par l'illustre géomètre et démontré, il y a quelques années, par M. Darboux, dans le *Bulletin des Sciences mathématiques* (¹). M. Darboux a prouvé, en effet, que *si une fonction continue de deux variables réelles prend, pour tous les points situés à l'intérieur d'un contour fermé, des valeurs qui demeurent comprises entre deux nombres,* H *et* K, *elle obtient nécessairement, pour un système au moins de valeurs des deux variables indépendantes, la valeur qui marque la limite maximum ou minimum de toutes les valeurs qu'elle peut prendre.*

D'autre part, la démonstration de Cauchy repose sur des considérations empruntées à la théorie des fonctions circulaires.

Nous nous sommes proposé dans ce travail un double but : 1° établir quelques propriétés générales des fonctions continues d'un nombre quelconque de variables, et en particulier étendre à ces dernières le théorème de M. Darboux ; 2° réduire à leur plus grande simplicité les raisonnements qui permettent d'éviter toute considération étrangère à l'Algèbre dans la démonstration du principe relatif aux équations entières.

(¹) Année 1872, p. 307 et suivantes.

De l'espace à n dimensions. Espaces limités, complets.

2. Nous nommerons *point à n coordonnées* tout système de valeurs particulières respectivement attribuées aux n variables réelles $x, y, \ldots$, et *espace à n dimensions* l'ensemble de tous les points à n coordonnées.

La *distance* des deux points

$$(x_1, y_1, \ldots), \quad (x_2, y_2, \ldots)$$

sera, par définition, la racine carrée non négative de la quantité

$$(x_2 - x_1)^2 + (y_2 - y_1)^2 + \ldots$$

Dans l'espace à n dimensions, on a souvent à considérer, à l'exclusion de tous les autres points, ceux dont les coordonnées satisfont à certaines conditions, d'une nature absolument quelconque d'ailleurs : leur ensemble constitue ce qu'on appelle une *portion de l'espace à n dimensions*.

Une portion d'espace est dite *limitée*, lorsque la distance d'un point variable au point (o, o, ...) ne cesse d'y être numériquement inférieure à quelque quantité positive fixe; elle est dite *illimitée* dans le cas contraire.

Un point est dit *complètement extérieur* à une portion donnée de l'espace à n dimensions, lorsque sa distance à un point variable de la portion dont il s'agit ne cesse d'être supérieure à quelque quantité positive fixe.

Enfin, une portion donnée de l'espace à n dimensions est dite *complète*, lorsque chacun des points qui n'en font pas partie lui est complètement extérieur.

Par exemple, en désignant par R une constante positive, et par x_0, y_0, ... des constantes quelconques, positives, négatives ou nulles, le fragment d'espace défini par la relation

$$(x - x_0)^2 + (y - y_0)^2 + \ldots \leqq R^2$$

est à la fois limité et complet. Si l'on supprime le signe d'égalité qui figure entre les deux membres, pour ne laisser subsister que le signe d'inégalité, on obtient un fragment limité, mais incomplet.

Variantes complexes.

3. Dans un Mémoire sur les quantités incommensurables (*Annales de l'École Normale*, novembre 1887), M. Méray appelle *variante* un nombre variable $v_{m,n,\ldots}$ dont la valeur dépend de certains entiers positifs m, n, ..., qui prennent toutes les combinaisons de valeurs possibles, et que l'on nomme ses *indices*.

En se bornant au cas le plus simple, où le nombre des indices se réduit à 1, une variante v_m est dite *convergente*, si, un nombre positif α de petitesse arbitraire étant donné, on peut assigner pour l'entier m une valeur à partir de laquelle la différence $v_{m+p} - v_m$ ne cesse d'être numériquement inférieure à α, quelque valeur positive que l'on attribue à l'entier p.

On dit que la variante v_m a pour *limite* la quantité invariable V, si la différence $V - v_m$ est infiniment petite pour m infini.

Pour qu'une variante tende vers quelque limite, il faut et il suffit qu'elle soit convergente.

4. Nous nommerons *variante complexe* un point (variable) de l'espace à n dimensions ayant pour coordonnées n variantes, dépendant toutes d'un même indice.

Une variante complexe est dite *convergente*, lorsque toutes ses coordonnées le sont à la fois.

On dit que la variante complexe $(v)_m$ a pour *limite* le point fixe (V), quand ses diverses coordonnées ont respectivement pour limites les coordonnées correspondantes du point fixe.

Pour qu'une variante complexe $(v)_m$ soit convergente, il faut et il suffit que, un nombre positif α de petitesse arbitraire étant donné, on puisse assigner pour l'entier m une valeur à partir de laquelle la distance des deux points $(v)_m$, $(v)_{m+p}$ ne cesse d'être inférieure à α, quelque valeur positive que l'on attribue à l'entier p.

Pour que la variante complexe $(v)_m$ tende vers la limite (V), il faut et il suffit que la distance de ces deux points soit infiniment petite pour m infini.

Pour qu'une variante complexe tende vers quelque limite, il faut et il suffit qu'elle soit convergente.

5. *Lorsqu'une variante complexe est convergente, et qu'à partir d'une valeur suffisamment grande de son indice elle reste constamment située dans quelque espace complet, sa limite y est elle-même nécessairement située.*

Car, autrement, cette limite serait complètement extérieure à l'espace dont il s'agit, ce qui est impossible, puisque la distance de la variante proposée à sa limite est infiniment petite.

6. *En désignant par* $(v)_m$ *une variante complexe quelconque, et par*

(1) $$m_1, \quad m_2, \quad \ldots, \quad m_k, \quad \ldots$$

des valeurs particulières distinctes de son indice se succédant indéfiniment suivant quelque loi déterminée, l'expression

$$(w)_k = (v)_{m_k}$$

est évidemment une variante complexe dépendant de l'indice k. *Cela posé, si la variante* $(v)_m$ *reste constamment comprise dans quelque portion limitée d'espace, la loi de succession des valeurs* (1) *peut être choisie de telle sorte que la variante* $(w)_k$ *soit convergente* (¹).

I. Désignons par α, β, ... des entiers indéterminés en nombre n, que nous conviendrons de considérer dans un ordre toujours le même, l'ordre α, β, ..., par exemple, et soient

(2) $$\begin{cases} \alpha', & \beta', & \ldots, \\ \alpha'', & \beta'', & \ldots \end{cases}$$

deux quelconques des combinaisons obtenues en attribuant aux entiers dont il s'agit tous les systèmes possibles de valeurs positives; ces combinaisons étant, bien entendu, supposées distinctes, les différences

(3) $$\alpha' - \alpha'', \quad \beta' - \beta'', \quad \ldots$$

(¹) Voir le *Nouveau Précis d'Analyse infinitésimale* de M. Méray, p. 59.

ne peuvent s'annuler à la fois. Cela posé, nous dirons que la première des combinaisons (2) est de *taxe inférieure* ou *supérieure* à la seconde, suivant que la première des différences (3) qui ne s'évanouit pas est négative ou positive ([1]).

Il importe de faire à cet égard l'observation suivante. Si l'on désigne par

$$\begin{array}{lll} \alpha', & \beta', & \ldots, \\ \alpha'', & \beta'', & \ldots, \\ \alpha''', & \beta''', & \ldots \end{array}$$

trois combinaisons de valeurs attribuées aux entiers α, β, ...; si l'on suppose en outre que la première soit de taxe inférieure à la seconde, et la seconde de taxe inférieure à la troisième, la première est nécessairement de taxe inférieure à la troisième. C'est là une conséquence immédiate des relations évidentes

$$\begin{array}{l} \alpha' - \alpha''' = (\alpha' - \alpha'') + (\alpha'' - \alpha'''), \\ \beta' - \beta''' = (\beta' - \beta'') + (\beta'' - \beta'''), \\ \ldots\ldots\ldots\ldots\ldots\ldots\ldots\ldots \end{array}$$

II. Désignant par x_0, y_0, ... certaines valeurs particulières des n indéterminées x, y, ..., et par X, Y, ... d'autres valeurs particulières des mêmes indéterminées, nous nommerons *intervalle complexe* l'ensemble de tous les points dont les coordonnées x, y, ... se trouvent respectivement comprises dans les *intervalles simples* de x_0 à X, de y_0 à Y, ... (ou égales à quelques-unes de leurs valeurs extrêmes).

Nous nommerons *subdivision d'un intervalle complexe* l'opération consistant à subdiviser (de façons quelconques) les n intervalles simples dont l'association le constitue, puis à former de toutes les manières possibles un intervalle complexe avec n intervalles partiels pris respectivement dans chacun d'eux.

Nous aurons besoin ci-après de considérer dans un ordre déterminé les divers intervalles complexes provenant de la subdivision d'un intervalle donné; la loi de leur succession peut être choisie de bien des manières, et l'on peut, par exemple, la fixer comme il suit. En premier lieu, on adoptera pour les indéterminées x, y, ... un ordre

---

([1]) Voir GAUSS, *Werke*, Band III, p. 37.

toujours le même, soit l'ordre $x, y, \ldots$. Considérant ensuite les intervalles simples partiels obtenus par la subdivision de l'intervalle total relatif à une indéterminée quelconque, on commencera par les ranger dans l'ordre naturel que leur assignent les valeurs croissantes de cette variable. Si l'on désigne alors par

$$\begin{array}{llll} i_x^{(1)}, & i_x^{(2)}, & \ldots, & i_x^{(g)}, \\ i_y^{(1)}, & i_y^{(2)}, & \ldots, & i_y^{(k)}, \\ \ldots & \ldots & \ldots & \ldots \end{array}$$

les diverses suites d'intervalles simples ainsi obtenues, et que l'on associe ces derniers de toutes les manières possibles en prenant un terme et un seul dans chaque ligne horizontale du Tableau précédent, deux quelconques des intervalles complexes qui en résultent pourront être désignés par les notations

$$[i_x^{(\alpha')}, \quad i_y^{(\beta')}, \quad \ldots], \tag{4}$$
$$[i_x^{(\alpha'')}, \quad i_y^{(\beta'')}, \quad \ldots], \tag{5}$$

où les deux combinaisons d'entiers positifs

$$\begin{array}{lll} \alpha', & \beta', & \ldots, \\ \alpha'', & \beta'', & \ldots \end{array}$$

sont nécessairement distinctes. Cela posé, nous dirons, pour abréger, que l'intervalle partiel (4) est de *taxe inférieure* ou *supérieure* à l'intervalle partiel (5), suivant que la première des deux combinaisons dont il s'agit sera elle-même de taxe inférieure ou supérieure à la seconde (I), et *nous conviendrons de considérer nos intervalles partiels complexes dans un ordre tel que leur taxe aille toujours en croissant;* nous dirons, en pareil cas, qu'ils sont *ordonnés*.

Observons, en passant, qu'*un intervalle complexe forme une portion limitée et complète de l'espace à n dimensions*.

III. En vertu de l'hypothèse faite sur $(v)_m^{\cdot}$, il existe évidemment quelque intervalle complexe

$$[x_0 \text{ à } X, \quad y_0 \text{ à } Y, \quad \ldots],$$

dans lequel cette variante se trouve constamment comprise, et que nous représenterons, pour abréger, par $\mathfrak{J}_1$. Si l'on divise en deux parties égales chacun des intervalles simples dont se compose $\mathfrak{J}_1$ et qu'on ordonne (II) les divers intervalles complexes résultant de cette subdivision, il existe certainement quelqu'un de ces derniers où la variante $(v)_m$ tombe un nombre infini de fois. Appelons $\mathfrak{J}_2$ le premier d'entre eux pour lequel cette circonstance se réalise; opérons sur lui comme nous l'avons fait sur $\mathfrak{J}_1$, et ainsi de suite indéfiniment. Nous formerons de cette manière une suite illimitée d'intervalles complexes

$$\mathfrak{J}_1, \quad \mathfrak{J}_2, \quad \ldots, \quad \mathfrak{J}_k, \quad \ldots, \tag{6}$$

jouissant de la triple propriété que nous allons énoncer : 1° chacun d'eux fait entièrement partie du précédent et, par suite, de tous ceux qui viennent avant lui; 2° celui de rang k est formé d'intervalles simples ayant pour grandeurs respectives les valeurs numériques de

$$\frac{X - x_0}{2^{k-1}}, \quad \frac{Y - y_0}{2^{k-1}}, \quad \ldots;$$

3° la variante $(v)_m$ tombe une infinité de fois dans chacun des intervalles (6).

Cela posé, considérons la suite illimitée

$$(v)_1, \quad (v)_2, \quad \ldots, \quad (v)_m, \quad \ldots,$$

et soient $(w)_1$ le premier terme de cette suite, $(w)_2$ le premier des termes restants situé dans l'intervalle $\mathfrak{J}_2$, $(w)_3$ le premier des termes restants situé dans l'intervalle $\mathfrak{J}_3$, et ainsi de suite indéfiniment. La distance des deux points $(w)_k$, $(w)_{k+h}$, au plus égale à

$$\frac{1}{2^{k-1}}\sqrt{(X - x_0)^2 + (Y - y_0)^2 + \ldots},$$

est infiniment petite pour k infini, et, par suite, la variante $(w)_k$ est convergente (4).

Fonctions continues.

7. Considérons une fonction $f(x, y, \ldots)$ définie dans un fragment déterminé de l'espace à n dimensions, et désignons par $(x_0, y_0, \ldots)$ un point fixe, par $(x, y, \ldots)$ un point variable, situés l'un et l'autre

dans le fragment dont il s'agit : la fonction sera dite *continue au point* $(x_0, y_0, \ldots)$ *du fragment*, si, un nombre positif α de petitesse arbitraire étant donné, on peut assigner un nombre positif β, tel que la différence

$$f(x, y, \ldots) - f(x_0, y_0, \ldots)$$

soit numériquement inférieure à α lorsque les différences $x - x_0$, $y - y_0$, ... sont toutes numériquement inférieures à β.

La fonction sera dite *continue dans le fragment considéré*, si elle l'est en chaque point du fragment.

8. *Si l'on désigne par $f(x, y, \ldots)$ une fonction continue dans un espace donné, et que l'on substitue à $x, y, \ldots$ les coordonnées d'un point convergent finissant par ne jamais sortir de l'espace en question et ayant pour limite un point $(\xi, \eta, \ldots)$ de cet espace, le résultat de la substitution est une variante simple ayant pour limite $f(\xi, \eta, \ldots)$.*

9. *Si la fonction $f(x, y, \ldots)$ est continue dans un espace limité et complet (2), on peut, un nombre positif α de petitesse arbitraire étant donné, assigner un nombre positif β, tel que la différence*

$$f(x_2, y_2, \ldots) - f(x_1, y_1, \ldots)$$

soit numériquement inférieure à α toutes les fois que les points

$$(x_1, y_1, \ldots), \quad (x_2, y_2, \ldots)$$

sont choisis dans l'espace en question, sous la seule condition que les différences

$$x_2 - x_1, \quad y_2 - y_1, \quad \ldots$$

soient toutes numériquement inférieures à β.

I. 1° Nous aurons tout à l'heure à considérer dans un ordre déterminé les combinaisons deux à deux des intervalles complexes partiels provenant de la subdivision d'un intervalle complexe donné (6, II), c'est-à-dire les résultats obtenus en associant de toutes les manières possibles deux quelconques des intervalles partiels. La loi de leur succession peut être choisie de bien des manières, et l'on peut, par exemple, la fixer comme il suit. Les intervalles en question étant rangés d'après leurs taxes croissantes (6, II), on associera d'abord le premier avec le deuxième, puis avec le troisième, etc. jusqu'au dernier; on associera ensuite le deuxième avec le troisième, puis avec le quatrième, etc. jusqu'au dernier; et l'on continuera ainsi jusqu'à ce que l'on ait été conduit à associer l'avant-dernier intervalle avec le dernier. Les combisons ainsi formées seront dites *ordonnées,* lorsqu'elles seront rangées à la suite les unes des autres dans l'ordre même qui a présidé à leur formation successive.

2° Étant donnés deux intervalles complexes que l'on considère l'un par rapport à l'autre dans un ordre déterminé, et auxquels on fait subir respectivement deux subdivisions quelconques (6, II), on conviendra de ranger dans l'ordre suivant les résultats obtenus en associant de toutes les manières possibles deux intervalles partiels respectivement fournis par ces deux subdivisions.

Avec les intervalles partiels provenant respectivement du premier et du second intervalle donné, on formera successivement un premier, puis un second groupe, et, dans chacun des groupes ainsi obtenus, on rangera les intervalles partiels d'après leurs taxes croissantes (6, II). On associera ensuite le premier intervalle du premier groupe avec le premier, le deuxième, le troisième, etc. du second groupe; puis le deuxième intervalle du premier groupe avec le premier, le deuxième, le troisième, etc. du second groupe; et l'on continuera ainsi jusqu'à ce que l'on ait été conduit à associer le dernier intervalle du premier groupe successivement avec tous ceux du second. Les combinaisons ainsi formées seront dites *ordonnées,* lorsqu'elles seront rangées à la suite les unes des autres dans l'ordre même qui a présidé à leur formation successive.

11. *En nommant toujours $f(x, y, \ldots)$ la fonction dont il s'agit dans notre énoncé général, et désignant par λ, μ deux constantes positives, supposons qu'il existe au moins un système de*

(7) *deux points situés l'un et l'autre dans l'espace proposé et dont les coordonnées semblables présentent des différences toutes numériquement inférieures à μ, tandis que les valeurs prises par la fonction aux deux points dont il s'agit présentent une différence numériquement supérieure ou égale à λ.*

Cela étant, on peut assigner suivant une loi déterminée un groupe de $2n$ *quantités*

$$\xi', \quad \eta', \quad \ldots, \quad \xi'', \quad \eta'', \quad \ldots,$$

rangées les unes par rapport aux autres dans un ordre également déterminé, et jouissant de la triple propriété : 1° *que les points*

$$(\xi', \eta', \ldots), \quad (\xi'', \eta'', \ldots)$$

soient situés l'un et l'autre dans l'espace donné; 2° *que les différences formées avec les coordonnées semblables de ces deux points ne soient pas numériquement supérieures à* μ; 3° *que la différence des valeurs prises par la fonction aux deux points dont il s'agit ne soit pas numériquement inférieure à* λ.

Effectivement, l'espace dont il s'agit, étant limité, se trouve entièrement contenu dans quelque intervalle complexe (6, II), soit

$$[x_0 \text{ à } X, \quad y_0 \text{ à } Y, \quad \ldots].$$

Si l'on divise en p parties égales chacun des intervalles simples de l'association desquels ce dernier résulte et que l'on considère les intervalles complexes partiels fournis par cette subdivision, il existe certainement quelque valeur de p, et par suite une valeur minima de cet entier, pour laquelle deux intervalles partiels distincts convenablement choisis contiennent respectivement deux points satisfaisant à la condition (7) : en effet, si deux semblables points (qui, par hypothèse, existent dans l'espace donné) se trouvaient, quel que soit p, situés l'un et l'autre dans un même intervalle partiel, leur distance serait inférieure à

$$\frac{1}{p}\sqrt{(X - x_0)^2 + (Y - y_0)^2 + \ldots},$$

et par suite rigoureusement nulle, ce qui est impossible, puisque la fonction acquiert en ces deux points des valeurs différentes. Cela posé, attribuons à l'entier p la valeur minima dont il est question ci-dessus, ordonnons les combinaisons deux à deux des intervalles partiels qui résultent de la subdivision correspondante (I, 1°); arrêtons-nous à la première de ces combinaisons pour laquelle les deux intervalles composants contiennent respectivement deux points satisfaisant à la condition (7), et considérons ces deux intervalles l'un par rapport à l'autre dans l'ordre de leur taxe croissante, soit

$$\mathfrak{J}'_1 = [x'_0 \text{ à } X', \; y'_0 \text{ à } Y', \; \ldots],$$
$$\mathfrak{J}''_1 = [x''_0 \text{ à } X'', \; y''_0 \text{ à } Y'', \; \ldots];$$

effectuons maintenant sur chacun des intervalles complexes $\mathfrak{J}'_1$, $\mathfrak{J}''_1$ la subdivision provenant du fractionnement en deux parties égales de tous les intervalles simples

$$x'_0 \text{ à } X', \quad y'_0 \text{ à } Y', \quad \ldots,$$
$$x''_0 \text{ à } X'', \quad y''_0 \text{ à } Y'', \quad \ldots;$$

associons de toutes les manières possibles un intervalle partiel (complexe) fourni par la première subdivision avec un intervalle partiel fourni par la seconde; puis, ordonnant les résultats ainsi obtenus (I, 2°), arrêtons-nous au premier d'entre eux pour lequel les deux intervalles composants contiennent respectivement deux points satisfaisant à la condition (7); désignons enfin par $\mathfrak{J}'_2$ l'intervalle composant extrait de $\mathfrak{J}'_1$, par $\mathfrak{J}''_2$ l'intervalle composant extrait de $\mathfrak{J}''_1$, et considérons ces derniers l'un par rapport à l'autre dans l'ordre $\mathfrak{J}'_2$, $\mathfrak{J}''_2$. En opérant sur eux comme nous venons de le faire sur $\mathfrak{J}'_1$, $\mathfrak{J}''_1$, et ainsi de suite indéfiniment, nous obtiendrons deux suites illimitées

$$(8) \qquad \mathfrak{J}'_1, \quad \mathfrak{J}'_2, \quad \ldots, \quad \mathfrak{J}'_q, \quad \ldots,$$
$$(9) \qquad \mathfrak{J}''_1, \quad \mathfrak{J}''_2, \quad \ldots, \quad \mathfrak{J}''_q, \quad \ldots,$$

jouissant des propriétés ci-après : 1° dans l'une quelconque de ces suites, chaque intervalle complexe fait entièrement partie du précédent; 2° celui de rang q est formé d'intervalles simples ayant pour grandeurs respectives les valeurs absolues de

$$\frac{X' - x'_0}{2^{q-1}}, \quad \frac{Y' - y'_0}{2^{q-1}}, \quad \ldots$$

ou de

$$\frac{X'' - x''_0}{2^{q-1}}, \quad \frac{Y'' - y''_0}{2^{q-1}}, \quad \ldots,$$

selon qu'il s'agit de la suite (8) ou de la suite (9); 3° quelque valeur que l'on attribue à l'entier q, les deux intervalles $\mathfrak{J}'_q$, $\mathfrak{J}''_q$ contiennent respectivement deux points satisfaisant à la condition (7).

Cela posé, nous désignerons par $(u')_q$ la variante complexe ayant pour coordonnées les valeurs extrêmes minima des n intervalles simples qui constituent $\mathfrak{J}'_q$, par $(u'')_q$ la variante complexe ayant pour coordonnées celles des n intervalles simples qui constituent $\mathfrak{J}''_q$, et nous démontrerons successivement les points suivants :

1° *La variante complexe* $(u')_q$ *tend vers une limite* (υ') *située dans l'un quelconque des intervalles* (8) : car la distance des deux points $(u')_q$, $(u')_{q+r}$, inférieure à

$$\frac{1}{2^{q-1}}\sqrt{(X'-x'_0)^2+(Y'-y'_0)^2+\ldots}, \tag{10}$$

est infiniment petite pour q infini, et le point $(u')_{q+r}$ reste compris, quel que soit r, dans l'espace complet $\mathfrak{J}'_q$ (5).

On verra de même que *la variante complexe* $(u'')_q$ *tend vers une limite* (υ''), *située dans l'un quelconque des intervalles* (9).

2° *Chacun des points* (υ'), (υ'') *est nécessairement situé dans l'espace donné.*

Effectivement, si le point (υ'), par exemple, n'en faisait pas partie, l'intervalle $\mathfrak{J}'_q$ contiendrait nécessairement, en même temps que (υ'), quelque point de l'espace dont il s'agit, et la distance de (υ') à un pareil point pourrait ainsi devenir inférieure à la quantité (10), par suite à toute quantité donnée. Or, c'est là une conclusion absurde, puisque l'espace donné est complet, et que le point (υ'), s'il n'y est pas compris, ne peut lui être que complètement extérieur (2).

3° *Les différences formées avec les coordonnées semblables des points* (υ'), (υ'') *ne peuvent être numériquement supérieures à* μ.

Soient

$$\xi', \quad \eta', \quad \ldots,$$
$$\xi'', \quad \eta'', \quad \ldots$$

les coordonnées respectives de ces deux points;

$$x', \quad y', \quad \ldots$$

celles d'un point quelconque commun à $\mathfrak{J}'_q$ et à l'espace donné;

$$x'', \quad y'', \quad \ldots$$

celles d'un point quelconque commun à $\mathfrak{J}''_q$ et à l'espace donné. La relation

$$\xi'' - \xi' = (\xi'' - x'') - (\xi' - x') + (x'' - x')$$

donne immédiatement

$$\text{val. num.}\,(\xi'' - \xi') \leqq \text{val. num.}\,(\xi'' - x'') + \text{val. num.}\,(\xi' - x') + \text{val. num.}\,(x'' - x').$$

Or on a, en valeur numérique,

$$\xi'' - x'' \leqq \frac{X'' - x''_0}{2^{q-1}}, \qquad \xi' - x' \leqq \frac{X' - x'_0}{2^{q-1}},$$

et d'ailleurs les points $(x', y', \ldots)$, $(x'', y'', \ldots)$ peuvent toujours être choisis de telle manière que les différences formées avec leurs coordonnées semblables tombent numériquement au-dessous de μ. Il en résulte

$$\text{val. num.}\,(\xi'' - \xi') < \frac{\text{val. num.}\,(X'' - x''_0)}{2^{q-1}} + \frac{\text{val. num.}\,(X' - x'_0)}{2^{q-1}} + \mu,$$

inégalité dont le premier membre est une constante, et dont le second tend vers μ pour q infini; il est donc impossible que la constante en question soit supérieure à μ.

4° *La différence des valeurs prises par la fonction aux points* (υ'), (υ'') *ne peut être numériquement inférieure à* λ.

Si l'on pose, pour abréger,

$$\begin{aligned} f(x'', y'', \ldots) - f(x', y', \ldots) &= A, \\ f(\xi', \eta', \ldots) - f(x', y', \ldots) &= A', \\ f(\xi'', \eta'', \ldots) - f(x'', y'', \ldots) &= A'', \end{aligned}$$

on a

$$f(\xi'', \eta'', \ldots) - f(\xi', \eta', \ldots) = A - A' + A'',$$

d'où

$$\text{val. num.}\,[f(\xi'', \eta'', \ldots) - f(\xi', \eta', \ldots)] \geqq \text{val. num.}\,A - \text{val. num.}\,(A' - A''),$$

et à plus forte raison

$$(11) \quad \left\{ \begin{aligned} &\text{val. num.}\,[f(\xi'', \eta'', \ldots) - f(\xi', \eta', \ldots)] \\ &\quad \geqq \text{val. num.}\,A - \text{val. num.}\,A' - \text{val. num.}\,A''. \end{aligned} \right.$$

Or il résulte de la continuité de la fonction $f(x, y, \ldots)$ et des inégalités (numériques)

$$\xi'' - x'' \leqq \frac{X'' - x''_0}{2^{q-1}}, \qquad \xi' - x' \leqq \frac{X' - x'_0}{2^{q-1}},$$

$$\eta'' - y'' \leqq \frac{Y'' - y''_0}{2^{q-1}}, \qquad \eta' - y' \leqq \frac{Y' - y'_0}{2^{q-1}},$$

$$\ldots\ldots\ldots\ldots\ldots, \qquad \ldots\ldots\ldots\ldots\ldots,$$

qu'à partir d'une valeur suffisamment grande de q, les deux dernières différences A', A'', figurant dans le second membre de (11), tombent numériquement au-dessous d'une quantité donnée, si petite qu'on la suppose. D'ailleurs, les points $(x', y', \ldots)$ et $(x'', y'', \ldots)$ peuvent toujours être choisis de telle façon que la première A ne soit pas numériquement inférieure à λ. On aura donc

$$\text{val. num.}\,[f(\xi'', \eta'', \ldots) - f(\xi', \eta', \ldots)] > \lambda - \rho,$$

en désignant par ρ une quantité positive aussi petite qu'on le voudra. Dès lors, la constante qui forme le premier membre de cette dernière relation ne peut tomber au-dessous de λ.

III. Adoptons pour un instant la conclusion contraire à celle de notre énoncé général, et admettons qu'en désignant par λ une *constante positive convenablement choisie*, et par μ une *quantité positive arbitraire*, il existe toujours quelque groupe de deux points satisfaisant à la condition (7).

D'après l'alinéa précédent (II), il existe alors une variante complexe

$$(v)_m = (x'_m, y'_m, \ldots, x''_m, y''_m, \ldots)$$

de nature telle : 1° que es deux points

$$(v')_m = (x'_m, y'_m, \ldots),$$
$$(v'')_m = (x''_m, y''_m, \ldots)$$

tombent constamment dans l'espace proposé ; 2° que les coordonnées de ces deux points vérifient les relations simultanées

$$\text{val. num. } (x''_m - x'_m) \leqq \frac{1}{m},$$

$$\text{val. num. } (y''_m - y'_m) \leqq \frac{1}{m},$$

$$\cdots\cdots\cdots\cdots\cdots\cdots,$$

$$\text{val. num. } [f(x''_m, y''_m, \ldots) - f(x'_m, y'_m, \ldots)] \geqq \lambda.$$

La variante $(v)_m$ restant toujours dans un même fragment limité de l'espace à $2n$ dimensions, une variante

$$(w)_k = ({}^{(k)}x', {}^{(k)}y', \ldots, {}^{(k)}x'', {}^{(k)}y'', \ldots),$$

convenablement extraite de $(v)_m$, sera convergente (6), par suite aussi les deux variantes

$$(w')_k = ({}^{(k)}x', {}^{(k)}y', \ldots),$$
$$(w'')_k = ({}^{(k)}x'', {}^{(k)}y'', \ldots).$$

D'ailleurs, ces deux dernières tendent vers une limite commune : car les différences

$${}^{(k)}x'' - {}^{(k)}x', \quad {}^{(k)}y'' - {}^{(k)}y', \quad \ldots$$

sont infiniment petites pour k infini, puisque les différences

$$x''_m - x'_m, \quad y''_m - y'_m, \quad \ldots$$

le sont elles-mêmes pour m infini. Enfin, cette limite commune est nécessairement située dans l'espace donné, qui par hypothèse est complet (5). De ces circonstances, jointes à la continuité de $f(x, y, \ldots)$, il résulte (8) que les deux quantités

$$f({}^{(k)}x', {}^{(k)}y', \ldots), \quad f({}^{(k)}x'', {}^{(k)}y'', \ldots)$$

tendent vers une même limite pour k infini, et par suite ont une différence infiniment petite, ce qui est impossible : car alors, et contrairement à ce qui précède, la différence

$$f(x''_m, y''_m, \ldots) - f(x'_m, y'_m, \ldots)$$

serait numériquement inférieure à λ pour des valeurs convenablement choisies de m.

10. *Lorsqu'une fonction est continue dans un espace limité et complet, sa valeur numérique y reste constamment inférieure à quelque quantité fixe.*

Soient α un nombre positif choisi à volonté, et β un nombre positif remplissant les conditions indiquées par l'énoncé du numéro précédent. L'espace donné, étant limité, se trouve entièrement contenu dans quelque intervalle complexe (6, II), et celui-ci d'ailleurs peut être subdivisé de telle façon que, pour deux points choisis à volonté dans l'un quelconque des intervalles partiels résultant de cette subdivision (6, II), les différences formées avec les coordonnées semblables soient toutes numériquement inférieures à β. Si, désignant alors par g le nombre des intervalles partiels qui contiennent quelque point de l'espace donné, on choisit à volonté un semblable point dans chacun d'eux, et que l'on nomme M la plus grande des g valeurs numériques correspondantes de la fonction, il est clair qu'en un point quelconque de l'espace dont il s'agit la fonction sera numériquement inférieure à $M + \alpha$.

11. *Si la fonction $f(x, y, \ldots)$ est continue dans un espace limité et complet, et si la différence $f(x, y, \ldots) - C$, où C désigne une constante, y peut devenir numériquement inférieure à toute quantité donnée, la fonction $f(x, y, \ldots)$ atteint certainement la valeur C en quelque point de l'espace dont il s'agit.*

I. *A toute quantité positive ω, on peut faire correspondre, suivant une loi déterminée, un point de l'espace donné où la valeur numérique de $f(x, y, \ldots) - C$ ne surpasse pas ω.*

Nous poserons

$$f(x, y, \ldots) - C = F(x, y, \ldots),$$

fonction évidemment continue, comme $f(x, y, \ldots)$, dans l'espace donné.

Pour la même raison qu'aux n°s 9 et 10, il existe quelque intervalle complexe $\mathfrak{J}_1$ dans lequel l'espace donné se trouve entièrement compris. Divisons en deux parties égales chacun des intervalles simples

$$x_0 \text{ à } X, \quad y_0 \text{ à } Y, \quad \ldots,$$

de l'association desquels résulte l'intervalle $\mathfrak{J}_1$; ordonnons (6, II) les intervalles partiels complexes fournis par cette subdivision, et appelons $\mathfrak{J}_2$ le premier d'entre eux contenant quelque point de l'espace donné où la fonction $F(x, y, \ldots)$ soit numériquement inférieure à ω. En opérant sur l'intervalle $\mathfrak{J}_2$, comme nous l'avons fait sur $\mathfrak{J}_1$, et ainsi de suite indéfiniment, nous obtiendrons une suite illimitée d'intervalles complexes

$$(12) \qquad \mathfrak{J}_1, \quad \mathfrak{J}_2, \quad \ldots, \quad \mathfrak{J}_q, \quad \ldots,$$

jouissant de la triple propriété que nous allons énoncer : 1° chacun d'eux fait entièrement partie du précédent; 2° celui de rang q est formé d'intervalles simples ayant pour grandeurs respectives les valeurs numériques de

$$\frac{X - x_0}{2^{q-1}}, \quad \frac{Y - y_0}{2^{q-1}}, \quad \ldots;$$

3° chacun des intervalles (12) contient quelque point de l'espace donné où la fonction $F(x, y, \ldots)$ tombe numériquement au-dessous de ω.

Cela posé, soit $(u)_q$ la variante complexe ayant pour coordonnées les valeurs extrêmes minima des n intervalles simples dont est formé $\mathfrak{J}_q$: on prouvera, par des raisonnements tout à fait analogues à ceux que nous avons employés en pareille circonstance dans l'alinéa II du n° 9 : 1° que la variante complexe $(u)_q$ tend vers une limite (υ) située dans l'un quelconque des intervalles (12); 2° que le point (υ) fait nécessairement partie de l'espace donné; 3° que la valeur numérique acquise au point (υ) par la fonction $F(x, y, \ldots)$ ne peut surpasser ω.

II [1]. D'après l'alinéa précédent (I), il existe quelque variante complexe

$$(\varphi)_m = (x_m, y_m, \ldots),$$

tombant constamment dans l'espace proposé et donnant lieu à la relation

$$\text{val. num. } F(x_m, y_m, \ldots) \leq \frac{1}{m},$$

(1) Pour cette seconde partie de la démonstration, voir le *Nouveau Précis d'Analyse infinitésimale* de M. Méray, p. 59 et 60.

dont le premier membre est dès lors infiniment petit pour m infini. La variante $(v)_m$ ne sortant jamais d'un espace limité, une variante

$$(w)_k = (x^{(k)}, y^{(k)}, \ldots),$$

convenablement extraite de $(v)_m$, sera convergente (6), et rendra la quantité $F(x^{(k)}, y^{(k)}, \ldots)$ infiniment petite pour k infini; sa limite

$$(\Xi, H, \ldots)$$

sera d'ailleurs située dans l'espace donné (5). Enfin, à cause de la continuité de la fonction $F(x, y, \ldots)$, la variante (simple) $F(x^{(k)}, y^{(k)}, \ldots)$ aura pour limite $F(\Xi, H, \ldots)$ [8], d'où résulte

$$F(\Xi, H, \ldots) = 0$$

ou

$$f(\Xi, H, \ldots) = C.$$

12. *Si la fonction $f(x, y, \ldots)$ est continue dans un espace limité et complet, on y peut assigner à sa valeur algébrique une limite supérieure et une limite inférieure, dont chacune est atteinte par la fonction en quelque point de l'espace donné.*

Il résulte évidemment du n° 10 que l'on peut assigner quelque intervalle (simple) dont la valeur extrême minima soit surpassée (algébriquement) par $f(x, y, \ldots)$ en quelque point de l'espace donné, tandis que la valeur extrême maxima ne l'est jamais. Si l'on divise en deux parties égales l'intervalle dont il s'agit, il existe un de ces intervalles partiels et un seul jouissant de la même propriété. Sur celui-ci on peut raisonner comme sur le précédent, et ainsi de suite indéfiniment. On formera, de cette manière, une suite illimitée d'intervalles

$$(13) \qquad a_1 \text{ à } A_1, \quad a_2 \text{ à } A_2, \quad \ldots, \quad a_m \text{ à } A_m, \quad \ldots,$$

jouissant de la triple propriété que nous allons énoncer : 1° chacun d'eux est entièrement compris dans le précédent; 2° la différence $A_m - a_m$ a pour valeur $\frac{A_1 - a_1}{2^{m-1}}$; 3° la valeur extrême minima de chaque intervalle est surpassée par la fonction en quelque point de l'espace donné, tandis que la valeur extrême maxima ne l'est jamais.

Il résulte des deux premières propriétés que A_m tend vers une limite comprise dans chacun des intervalles (13). Cette limite ne peut être surpassée par la fonction en aucun point de l'espace donné; car alors A_m finirait par tomber au-dessous de quelque valeur de la fonction. Enfin cette limite est certainement atteinte en quelque point du même espace; car autrement l'intervalle de a_m à A_m comprendrait, en même temps qu'elle, quelque valeur de la fonction, et cette dernière s'approcherait indéfiniment de la limite en question, ce qui est impossible, à moins qu'elle ne l'atteigne (11).

Il existe donc une limite supérieure satisfaisant aux conditions énoncées, et l'on prouverait de même l'existence d'une limite inférieure.

Principe fondamental de la théorie des équations algébriques.

13. Nous nommerons *premier* et *second élément* de l'imaginaire $a' + ia''$ les deux quantités réelles a', a''.

Si aux n variables

$$x = x' + ix'', \qquad y = y' + iy'', \qquad \ldots \tag{14}$$

on attribue tous les systèmes possibles de valeurs imaginaires, les systèmes de valeurs réelles que prennent alors leurs éléments redonnent les divers points de l'espace indéfini à $2n$ dimensions. Il arrive d'ailleurs sans cesse que l'on ait à considérer exclusivement dans telle ou telle question les systèmes de valeurs des n variables (14) fournis par tel ou tel groupe de conditions subsistant entre leurs $2n$ éléments.

Dans les questions qui comportent la considération de n variables imaginaires, et par suite de l'espace à $2n$ dimensions, on désigne un point quelconque de ce dernier tantôt par les n valeurs imaginaires attribuées aux variables dont il s'agit, tantôt par les $2n$ valeurs réelles attribuées à leurs éléments.

14. Considérons une fonction de n variables imaginaires $f(x, y, \ldots)$, définie dans un fragment déterminé de l'espace à $2n$ dimensions, et désignons par $(x_0, y_0, \ldots)$ un point fixe, par $(x, y, \ldots)$ un point variable, situés l'un et l'autre dans le fragment dont il s'agit : la fonction

sera dite *continue au point* $(x_0, y_0, \ldots)$ *du fragment*, si, un nombre positif α de petitesse arbitraire étant donné, on peut assigner un nombre positif β, tel que la différence

$$f(x, y, \ldots) - f(x_0, y_0, \ldots)$$

soit de module inférieur à α lorsque les différences $x - x_0$, $y - y_0, \ldots$ sont toutes de modules inférieurs à β.

La fonction sera dite *continue dans le fragment considéré*, si elle l'est en chaque point du fragment.

Par exemple, *une fonction entière de n variables imaginaires est continue dans tout l'espace à 2n dimensions.*

15. Il est clair que les deux éléments d'une fonction de n variables imaginaires, et par suite aussi son module, sont des fonctions réelles de leurs $2n$ éléments. Cela posé, *lorsqu'une fonction de n variables imaginaires est continue dans un fragment donné de l'espace à 2n dimensions, son module, considéré entre les mêmes limites, est une fonction continue des éléments des variables.*

Soient en effet f_0 et f les valeurs respectivement acquises par la fonction donnée au point fixe

$$(x_0, y_0, \ldots) = (x'_0 + i x''_0, y'_0 + i y''_0, \ldots)$$

et au point variable

$$(x, y, \ldots) = (x' + i x'', y' + i y'', \ldots)$$

du fragment considéré. Puisque la fonction est supposée continue, on peut, un nombre positif α étant donné, assigner un nombre positif β, tel que la relation

$$\operatorname{mod}(f - f_0) < \alpha,$$

et à plus forte raison la relation

$$\text{val. num.}\,(\operatorname{mod} f - \operatorname{mod} f_0) < \alpha$$

soit une conséquence nécessaire des inégalités

$$\operatorname{mod}(x - x_0) < \beta, \quad \operatorname{mod}(y - y_0) < \beta, \quad \ldots.$$

Or il suffit, pour que ces dernières soient vérifiées, que les différences $x' - x'_0$, $x'' - x''_0$, $y' - y'_0$, $y'' - y''_0$, ... soient toutes numériquement inférieures à $\frac{\beta}{\sqrt{2}}$.

16. *Toute équation entière $f(x) = 0$ admet quelque racine.*

I. Nous établirons d'abord le lemme suivant :

Si le terme constant k est différent de zéro dans l'équation binôme

$$x^m + k = 0,$$

il existe quelque valeur de x rendant le module du premier membre inférieur à celui de k (¹).

1° *Notre lemme est vrai pour une équation binôme de degré impair $m = 2\mu + 1$.*

Désignons en effet par k' et k'' les éléments, non nuls à la fois, du terme constant k, et par ξ une quantité réelle provisoirement indéterminée. Pour $x = \xi$, le module du premier membre devient

$$\sqrt{(k' + \xi^m)^2 + k''^2}; \tag{15}$$

pour $x = i\xi$, ce même module devient

$$\sqrt{k'^2 + [k'' + (-1)^\mu \xi^m]^2}. \tag{16}$$

Si donc k' n'est pas nul, l'expression (15) montre que la valeur $x = \xi$ satisfera aux conditions de l'énoncé, pourvu que ξ soit de signe contraire à k' et que sa puissance $m^{\text{ième}}$ lui soit numériquement inférieure; si k'' n'est pas nul, l'expression (16) fait voir qu'il suffit de prendre $x = i\xi$, en choisissant pour ξ une valeur de signe contraire à $(-1)^\mu k''$, et dont la puissance $m^{\text{ième}}$ soit numériquement inférieure à k''.

2° *Toute équation binôme du second degré admet quelque racine.*

Effectivement, soit

$$x^2 = a' + ia''$$

(¹) La démonstration de ce lemme est empruntée au *Nouveau Précis d'Analyse infinitésimale* de M. Méray (p. 70 et 71).

l'équation considérée, où a', a'' désignent des quantités réelles. Si a' et a'' sont nuls tous deux, l'équation est vérifiée pour $x = 0$. Si a'' seul est nul, elle l'est pour $x = \sqrt{a'}$ ou pour $x = i\sqrt{-a'}$, suivant que a' est positif ou négatif. Enfin, si a'' n'est pas nul et que α désigne le module de $a' + ia''$, l'équation est vérifiée pour

$$x = \sqrt{\frac{\alpha + a'}{2}} + i\sqrt{\frac{\alpha - a'}{2}}$$

ou pour

$$x = \sqrt{\frac{\alpha + a'}{2}} - i\sqrt{\frac{\alpha - a'}{2}},$$

suivant que a'' est positif ou négatif.

3° *Notre lemme, démontré pour une valeur impaire de m, est vrai pour une valeur paire.*

On peut poser, en effet, $m = 2^q\mu$, μ étant impair. D'après ce qui précède (1°), (2°), il existe une valeur k_1 vérifiant l'inégalité

$$\operatorname{mod}(k_1^\mu + k) < \operatorname{mod} k,$$

puis des valeurs $k_2, k_3, \ldots, k_{q+1}$ vérifiant les égalités successives

$$k_2^2 = k_1, \qquad k_3^2 = k_2, \qquad \ldots, \qquad k_{q+1}^2 = k_q,$$

de la combinaison desquelles on déduit

$$k_{q+1}^{2^q} = k_1.$$

Il en résulte évidemment

$$\operatorname{mod}\left(k_{q+1}^{2^q\mu} + k\right) < \operatorname{mod} k.$$

II. L'équation du premier degré $ax + b = 0$ étant vérifiée pour $x = -\frac{b}{a}$, il suffit de faire voir que, si le théorème est vrai jusqu'au degré $m - 1$ inclusivement, il est encore vrai pour le degré m.

Considérons donc une équation entière de degré m

$$f(x) = 0;$$

désignons par θ le module du terme constant et nommons R une quantité positive, telle que le module de $f(x)$ soit supérieur à θ pour toute valeur de $x = x' + ix''$ de module supérieur à R. Dans l'espace limité et complet que définissent les relations

$$-R \leqq x' \leqq R, \qquad -R \leqq x'' \leqq R$$

(6, II), la plus petite valeur du module de $f(x)$ (12) (13) (14) (15) est au plus égale à 0, et il résulte de là que, si l'on considère toutes les valeurs possibles de la variable imaginaire x, le module de la fonction atteint, pour quelqu'une d'entre elles, une valeur au-dessous de laquelle il ne tombe jamais. Nous avons à démontrer actuellement qu'une pareille valeur est de toute nécessité égale à zéro, et il suffit pour cela de faire voir que si une valeur x_0 n'annule pas notre fonction entière, il existe quelque autre valeur de x rendant le module de la fonction inférieur à celui qu'elle prend pour x_0.

Or, en faisant $x = x_0 + h$ et développant par la formule du binôme les divers termes de $f(x_0 + h)$, on a

$$(17) \qquad f(x_0 + h) = f(x_0) + hf_1(x_0) + \ldots + h^m f_m(x_0),$$

$f_1(x), f_2(x), \ldots, f_m(x)$ désignant certaines fonctions entières de degrés respectifs $m-1$, $m-2$, ..., 0, et dont la dernière, $f_m(x)$, est précisément le coefficient du premier terme de $f(x)$. Dans le second membre de (17), les coefficients extrêmes $f(x_0)$, $f_m(x_0)$ sont donc l'un et l'autre différents de zéro.

Cela posé, si tous les coefficients intermédiaires sont nuls, il existe (I) quelque valeur de h rendant inférieur au module de $f(x_0)$ celui de

$$h^m f_m(x_0) + f(x_0) = f(x_0 + h).$$

Si tous les coefficients intermédiaires ne sont pas nuls et si l'on suppose que $f_p(x_0)$ soit le premier différent de zéro, la formule (17) devient

$$f(x_0 + h) = f(x_0) + h^p f_p(x_0) + \ldots + h^m f_m(x_0).$$

Posons maintenant

$$\varphi(h) = \frac{f_{p+1}(x_0)}{f(x_0)} + \frac{f_{p+2}(x_0)}{f(x_0)} h + \ldots + \frac{f_m(x_0)}{f(x_0)} h^{m-p-1},$$

et soient μ la racine $p^{\text{ième}}$ du module de $\frac{f(x_0)}{f_p(x_0)}$, N une constante supérieure au module de $\varphi(h)$ pour toutes les valeurs de h de module inférieur à μ (¹), enfin H une quantité positive à la fois inférieure à 1 et à $\frac{1}{N\mu^{p+1}}$. Il est facile de voir que le module de $f(x_0+h)$ sera forcément inférieur à celui de $f(x_0)$, si l'on prend pour h une valeur vérifiant l'équation entière

$$h^p = -\mathrm{H}^p \frac{f(x_0)}{f_p(x_0)},$$

dont le degré p est supérieur à zéro et inférieur à m. On a effectivement, en pareil cas,

$$f(x_0+h) = (1-\mathrm{H}^p)f(x_0) + h^{p+1}f(x_0)\,\varphi(h),$$

d'où

$$\begin{aligned} \operatorname{mod} f(x_0+h) &\leqq \operatorname{mod} f(x_0)\left\{1-\mathrm{H}^p+\operatorname{mod}[h^{p+1}\varphi(h)]\right\} \\ &< \operatorname{mod} f(x_0)[1-\mathrm{H}^p+\mathrm{N}\mu^{p+1}\mathrm{H}^{p+1}]. \end{aligned}$$

D'ailleurs, à cause de $\mathrm{H} < \frac{1}{\mathrm{N}\mu^{p+1}}$, la quantité entre crochets qui figure dans la dernière relation est inférieure à l'unité, et il en résulte

$$\operatorname{mod} f(x_0+h) < \operatorname{mod} f(x_0).$$

(¹) Il suffit de prendre N supérieur à

$$\operatorname{mod}\frac{f_{p+1}(x_0)}{f(x_0)} + \mu \operatorname{mod}\frac{f_{p+2}(x_0)}{f(x_0)} + \ldots + \mu^{m-p-1}\operatorname{mod}\frac{f_m(x_0)}{f(x_0)}.$$

(Extrait des *Annales de l'École Normale supérieure*, 3ᵉ série, t. VII; 1890.)

16624 Paris. — Imprimerie Gauthier-Villars et Fils, quai des Grands-Augustins, 55.

www.ingramcontent.com/pod-product-compliance
Ingram Content Group UK Ltd.
Pitfield, Milton Keynes, MK11 3LW, UK
UKHW020549230726
13925UKWH00006B/2494